Unsere kleine Reihe
Fachwissen kompakt

Marlitt Wendt

Gut gemacht!

Mehr Motivation durch richtiges Loben

➤ Mit Begeisterung zum Erfolg
➤ Schritt für Schritt zum typgerechten Belohnen

evipo
VERLAG

Vorwort

D as richtige Lob zur richtigen Zeit: So leicht, wie es klingt, ist es in der Realität gar nicht! Es fällt vielen Reitern immer noch schwer, ein „gut gemacht" so zu gestalten, dass es das Pferd auch wirklich verstehen und annehmen kann. Dabei gibt es viel mehr Möglichkeiten ein Lob auszusprechen als das altbekannte Klopfen am Hals, welches viele Pferde gar nicht sonderlich schätzen. Pferde verstehen ein Lob immer dann, wenn es von Herzen kommt und wenn es eine Belohnung verspricht, die ganz im Sinne der Vorlieben des Pferdes ist. Dabei reicht die Palette der Belohnungsmöglichkeiten vom Streicheln über das Stimmlob bis hin zum Belohnungsleckerli. Sämtliche Möglichkeiten erhöhen die Motivation des Pferdes, etwas für uns zu tun und festigen damit unsere Beziehung. Als Verhaltensbiologin habe ich in diesem Buch das nötige Grundwissen zum Thema Motivation zusammengestellt und möchte darstellen wie einfach es ist, mehr Freude und Begeisterung mit dem Pferd zu teilen.

Entdecken Sie die vielen Möglichkeiten, Ihr Pferd zu motivieren, lernen Sie ganz neue Seiten an Ihrem vierbeinigen Partner kennen und denken Sie daran: Ein Lächeln, wenn Sie den Stall betreten ist das erste Lob für Ihr Pferd! Mit einem Lächeln können Sie dann den Stall wieder verlassen.

In diesem Sinne wünsche ich Ihnen viel Spaß beim Lesen und Entdecken!

Ihre

Marlitt Wendt

Motivation verstehen

Der Weg zum Herzen des Pferdes führt über die Motivation: Wenn zwei Wesen die gleichen Beweggründe sehen und spüren, werden sie sich gemeinsam daran orientieren und miteinander durchs Leben gehen.

Der Schlüssel zu mehr Energie und Freude

Die Motivation des Pferdes ist der sagenhafte Schlüssel zu jener geheimnisvollen Tür, hinter der sich Begeisterung und Freude im Austausch zwischen Mensch und Pferd verstecken. Wer ihn findet, der wird gemeinsam mit dem Vierbeiner neue Welten entdecken können, die für andere Menschen ewig verschlossen bleiben. Er kann erfahren, was das Pferd wirklich bewegt, wofür sein Herz schlägt und wie beide zusammen Spaß haben und gemeinsame Ziele erreichen können. Ist das Pferd motiviert, strebt es in seinen Handlungen nach derselben Erfüllung wie der Reiter und alles andere wird nebensächlich. Ein Team im Gleichklang wird über sich selbst hinauswachsen. Hilfsmittel wie Zügel, Gerte oder eine bestimmte Ausrüstung werden zur Nebensache und Grenzen werden zu Chancen. Es zählt einzig der gemeinsame Fokus, das Erleben des Augenblicks und das kooperative Miteinander.

Freude und Gefühl

Wir alle kennen bereits die Mechanismen, welche die wissenschaftliche Motivationstheorie zu erklären und genauer zu erforschen versucht, aus unserer alltäglichen Erfahrung: Ob Mensch oder Pferd – jedes Individuum handelt auf der Basis der eigenen Bedürfnisse. Die Summe der aktuellen Bedürfnisse, die von Hunger über Neugier bis zur Fortpflanzungsbereitschaft reichen, bestimmt dabei die Hand-

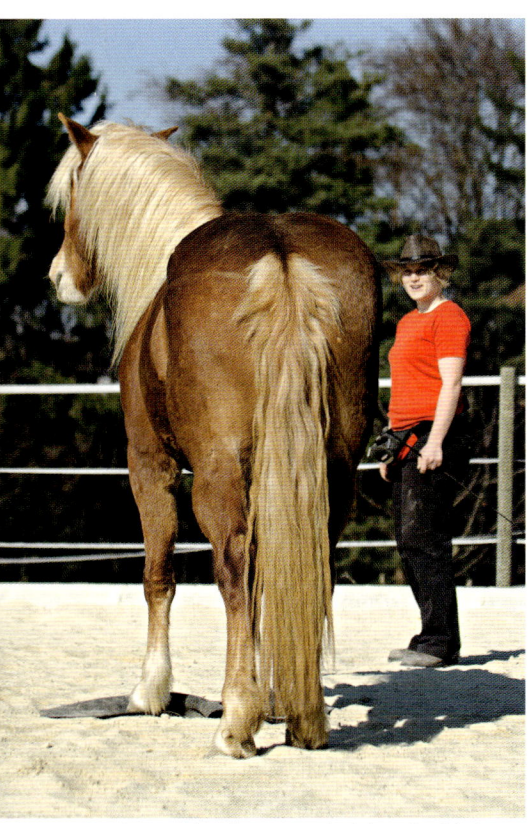

Beim Motivationstest darf das Pferd frei entscheiden, ob es mitarbeiten möchte.

lungsbereitschaft. In der einen Minute steht uns der Sinn nach Unterhaltung und Kommunikation, während wir in einem anderen Augenblick das Bedürfnis nach Ruhe und Kontemplation verspüren. Vereinfacht gesagt wird unsere Motivation durch einen Mangel bestimmt, den unser Körper dann auszugleichen versucht. Unzählige somatische Marker, sozusagen die speziellen Messgeräte des Körpers, prüfen ständig, ob der Stoffwechsel wie vorgesehen funktioniert oder ob dem Körper etwas zur Wiederherstellung der Zufriedenheit fehlt. Emotionen sind die typischen Begleiter dieses Vorganges. Es ist unmöglich, motiviert zu sein, ohne dabei ein bestimmtes Gefühl zu verspüren. Gerade die Frage nach dem „fühle ich mich gerade jetzt wohl oder unwohl" bestimmt die Richtung des Verhaltens. Streng genommen folgt daraus, dass es ein Nicht-motiviert-Sein eigentlich nicht gibt. Man fühlt immer irgendetwas und auch das Nichtstun ist die Folge eines bestimmten Motivationslevels. So ist auch jedes Pferd zu jeder Zeit für bestimmte Handlungen motiviert, für andere im gleichen Moment sehr wenig oder sogar gar nicht. Dabei gibt es zwei unterschiedliche Quellen der Handlungsbereitschaft: Die intrinsische, also die von innen kommende Motivation und die extrinsische, von außen gesteuerte Motivation.

Echte Freude

Was für das eine Pferd ein genüssliches Sandbad, ist dem anderen ein Erntespaziergang durch einen Obstgarten. Pferde haben ihre ureigenen Vorlieben und erfreuen sich an ganz unterschiedlichen Facetten des Lebens. Während die einen die Gemütlichkeit schätzen, kann es bei anderen kaum genug Bewegung und Anregung geben. Ist ein Pferd aus sich selbst heraus motiviert, dann handelt es aus reiner Freude. Es gefällt ihm einfach, eine bestimmte Verhaltensweise auszuführen. Diese intrinsische Motivation können wir bei einem kleinen Spiel gut beobachten, bei dem ein Apfel in einen Wasserbottich gegeben wird. Dieser schwimmt nun auf dem Wasser und kann vom Pferd durch unterschiedliche Techniken wie dem Untertauchen des Apfels oder dem Herausstupsen mit der Nase erreicht werden. Bei einem solchen Spiel nutzen wir die intrinsische Motivation des Pferdes, denn das ist hier sein Wunsch nach einem besonderen Gaumenschmaus und stellen es vor eine leicht zu bewältigende Herausforderung. Das Resultat nach erfolgreichem Abschluss des Spiels ist ein stark erhöhtes Selbstwertgefühl, denn es ist ungeheuer motivierend, im eigenen Lerntempo Lösungen für eine Aufgabe zu finden.

> »Das Lächeln,
> das du aussendest,
> kehrt zu dir zurück.«
>
> Indisches Sprichwort

Um die intrinsische Motivation des Pferdes zu fördern, ist es wichtig herauszufinden, welche Beschäftigungen es in seinem Alltag bevorzugt. Ist unser Pferd ein verspielter Typ und beschäftigt es sich dabei lieber mit anderen Pferden oder mit Gegenständen? Je genauer wir den Pferdealltag beobachten, umso mehr können wir über die „Hobbys" unseres Pferdes erfahren. Wenn wir uns nun immer wieder behutsam in diese bevorzugten Freizeitbeschäftigungen des Pferdes mit einbringen, werden wir so zu wichtigen Motivationspartnern und Spielkameraden. Der Schlüssel zur Förderung der intrinsischen Motivation lautet: „Einfach dabei sein." Pferde spüren die Verbindung zum Menschen immer dann besonders

Sich gemeinsam kleinen Herausforderungen zu stellen, wie hier beim Apfelschnappen, fördert die intrinsische Motivation und vertieft die Beziehung.

stark, wenn sie gerade etwas tun, was sie begeistert. Es ist also mindestens genauso wichtig wie das eigentliche Training, einfach mit dem Pferd Erlebnisse zu teilen. Und zwar solche Art von Erlebnissen, die ganz nach dem Geschmack des Pferdes sind. Dabei liegen naturgemäß pferdetypische Tätigkeiten wie Grasen gehen, gemeinsames Dösen oder gegenseitiges Kraulen besonders hoch im Kurs. Es geht darum, dem Pferd und damit auch sich selbst das Gefühl zu vermitteln, begleitet zu werden und als der geschätzt zu werden, der man ist. Aus Sicht des Pferdes ist es um ein vielfaches wichtiger, die Wertschätzung seines Menschen um seiner selbst willen zu erfahren als für seine sportlichen Leistungen. Pferde sind ausgesprochen soziale Wesen, welche stabile vertrauensvolle Bindungen benötigen wie die Luft zum Atmen. Diese emotionale Verbundenheit schafft man nicht allein durch Reiten, Bodenarbeit oder Tricktraining. Die Qualität der Beziehung erwächst nur aus der Zeit und durch das Eintauchen in die Lebenswelt des Pferdes.

Spaß vermitteln

Natürlich ist es nicht immer möglich, den Tag nach den aktuellen Vorlieben des Pferdes gestalten zu können. Sicher hegt jeder von uns gewisse Ansprüche an sein

Pferd. Ein Pferd soll sich höflich benehmen, es sollte tierärztliche Behandlungen und den Termin beim Hufschmied stressfrei erleben und je nach Vorstellungen seiner Menschen auch beim Reiten, Fahren oder bei der Bodenarbeit eine gute Figur abgeben. All das wäre vermutlich nicht möglich, wenn wir immer nur auf die intrinsische Motivation des Pferdes warten würden. Es hat eben keine Vorstellung von unseren menschlichen Wünschen. Diese Art der Freizeitbeschäftigung müssen wir ihm schmackhaft machen und es sozusagen davon überzeugen, dass es selbst schon immer genau diese Idee hatte. Wollen wir dem Pferd Spaß vermitteln und die Freude am gemeinsamen Tun fördern, müssen wir es in seinem Verhalten bestätigen. Die Grundregel lautet dabei „vom Leichten zum Schweren". Auch wenn es nur ein winziger Fortschritt ist, wenn eine Idee nur in die richtige Richtung geht, ist es Zeit, das Pferd zu loben, es zu motivieren, sich weiter in diese Richtung zu bemühen. Ein Lob besitzt nämlich bereits einen hohen Informati-

Einfach mal Zusammensein, ohne Anforderungen an das Pferd zu stellen.

Ein Lob das von Herzen kommt, wird gerne angenommen.

onsgehalt. Gewissermaßen schenken wir mit jedem Lob, mit jeder Belohnung oder Bestätigung einen Baustein für das angestrebte Gesamtbild. Erst wenn das Pferd alle Informationen beisammen hat, wird es verstehen, was genau das erwünschte Verhalten ist. Pferde brauchen positive Rückmeldung, um motiviert zu bleiben. Sie wissen nicht von Natur aus, wie sie sich in der Welt der Menschen zurechtfinden können und was wir von ihnen erwarten, sie müssen es lernen. Und ler-

nen funktioniert immer dann am besten, wenn das Pferd begeistert dabei ist und Freude an der gemeinsamen Arbeit hat.

Die Motivation des Pferdes kann extrinsisch, also von außen gesteigert werden, wenn wir die unterschiedlichen Lobformen wie Futterlob, Stimmlob, Spiel oder Körperkontakt geschickt miteinander kombinieren. Der Schlüssel zur extrinsischen Motivation lautet „einfach bestätigen". Die Art der Bestätigung kann und sollte dabei so vielfältig wie möglich sein, um verschiedene Gefühlsebenen anzusprechen. Entscheidend bei der Auswahl der geeigneten Belohnungsmöglichkeit ist dabei die Kenntnis der verschiedenen Bedürfnishierarchien. Abraham H. Maslow hat bereits 1954 für den Menschen ein Modell der Bedürfnishierarchie erstellt, dass vereinfacht auch auf das Pferd übertragbar ist. Seinen Studien zufolge richtet sich die Motivation des Lebewesens an dem Rang aus, den ein bestimmtes Bedürfnis einnimmt. Die unterschiedlichen Bedürfnisse haben eine unterschiedliche Dringlichkeit, sie können daher in Stufen wie bei einer Pyramide übereinander bildlich dargestellt werden. Die dringlichsten Lebensnotwendigkeiten für jedes Lebewesen sind seine biologischen Bedürfnisse. Es verspürt Hunger oder Durst und benötigt Nahrung beziehungsweise Flüssigkeit, um seine Körperfunktionen aufrecht zu erhalten. Danach ist das Bedürfnis nach Sicherheit entscheidend. Nur wer sich geschützt und geborgen fühlt, kann sich auf die nächste Stufe der Bedürfnisse konzentrieren, die der sozialen Beziehungen. Gerade beim Herdentier sind Freundschaft und Zugehörigkeit entscheidende Motive. Die Stufe der Anerkennung und Wertschätzung baut auf dieser Stufe der sozialen Bedürfnisse auf und wird nur noch durch die Stufe der Selbstverwirklichung übertroffen. Es ist

> »Wo es am Scherz fehlt,
> fehlt es im Grunde
> am Ernst.«
>
> Jean Paul

also immens wichtig, immer die Grundbedürfnisse des Pferdes im Blick zu behalten. Gibt es Probleme mit der Fütterung, passt die Haltungsform nicht zum Pferd oder fühlt es sich in seiner Gruppe nicht wohl, so wird unser Lob nicht dieselbe motivierende Wirkung haben. Wir können unser Pferd nur erfolgreich motivieren, wenn es auf sämtlichen Ebenen der Bedürfnispyramide Wohlbefinden und Zufriedenheit verspürt.

So lernen Pferde gerne

Nur ein motiviertes Pferd nimmt mit Freude Anteil an unserer gemeinsamen Arbeit. Ein Lernen findet ständig statt,

> »Wir können nicht zu dem werden, was wir sein möchten, indem wir das bleiben, was wir sind.«
>
> Max De Pree

daher wird das Pferd immer aus unserem Training Erinnerungen und Emotionen mitnehmen, seien es angenehme Erfahrungen oder unangenehme Eindrücke. Positive Erlebnisse bleiben dem Pferd besonders intensiv im Gedächtnis, es wird versuchen, ähnliche Situationen wiederherzustellen und orientiert seine zukünftigen Handlungen daran. Um das Lernverhalten des Pferdes zu verstehen, ist die Tatsache wichtig, dass es aus den Rückmeldungen zu seinem eigenen Verhalten lernt. Es wird Dinge vermeiden, die sich als unangenehm herausgestellt haben und Verhalten verstärken, welches sich als gewinnbringend aus Sicht des Pferdes erwiesen hat. Dabei lernt das Pferd wie auch der Mensch aus der unmittelbaren Situation. Nur das, was gleichzeitig geschieht, hat eine Bedeutung, da nur annähernd zeitgleiche Ereignisse miteinander in Beziehung gesetzt werden können. Jedes Lob muss daher punktgenau erfolgen und exakt den Moment markieren, indem etwas aus unserer Sicht Wünschenswertes passiert. Ähnlich wie der Fotograf in einem bestimmten Moment auf den Auslöser seiner Kamera drückt um einen besonderen Moment einzufangen, können auch wir die positiven Momente mit dem Pferd nur einfangen, wenn wir ihnen sofortige Aufmerksamkeit schenken. Das direkte Lob gibt dem Pferd die entscheidende Rückmeldung. Erst durch das Lob lernen die Tiere einzuschätzen, welches Verhalten genau ihnen diese positive Konsequenz eingebracht hat. Sie können dadurch gedanklich „Wenn-dann"-Ketten bilden, also nachvollziehen, dass sie, wenn sie ein bestimmtes Verhalten zeigen, eine Belohnung erhalten. So erlangen Handlungen erst eine Bedeutung und das Verhalten wird sich in Zukunft daran orientieren.

Pferde brauchen eine präzise Rückmeldung, um Lektionen zu verinnerlichen.

Woher kommt Begeisterung?

Irgendwie schwingt es schon im Wörtchen „Begeisterung" mit, dieser einzigartige Kern der Freude, der immer dann zutage tritt, wenn wir mit Leib und Seele, also mit unserem gesamten Geist „dabei sind".

Begeisterung ist ein dynamischer Prozess. Wir können sie bei unserem Pferd wecken, wenn wir uns bewusst dafür entscheiden, selbst begeistert zu sein. Pferde lieben Vorbilder und sie lieben die Gemeinschaft. Dabei lassen sie sich sehr gerne von einer positiven Grundstimmung im Training beeinflussen und orientieren sich an denjenigen, denen sie vertrauen. Das Vertrauen unseres Pferdes müssen wir uns erst verdienen, indem wir authentisch unsere positiven Gefühle kommunizieren und vor allem müssen wir dem Tier erst einmal einen großzügigen Vertrauensvorschuss schenken. Wer in seinen Gedanken gar nicht zulässt, dass das Pferd möglicherweise nicht folgen oder sich ungehorsam verhalten könnte, der überträgt diese Ausstrahlung auf den vierbeinigen Partner. Positive Gedanken schenken dem Gegenüber das Vertrauen das es braucht, um sich an seinem Menschen zu orientieren.

Selbst begeistert sein

Wer ist schon begeistert, wenn nichts dabei herumkommt? Gerade im Training sind viele Pferde wenig motiviert, aktiv teilzuhaben, da ihnen nicht wirklich einleuchtet, welchen Vorteil sie davon haben. Sie verstehen den Sinn der einzelnen Lek-

> »Mit anderen kann man
> sich belehren, begeistert
> wird man nur allein.«

Johann Wolfgang von Goethe

tionen und Übungen vermutlich nicht so wie wir, werden geistig oder körperlich überfordert und dazu oft genug ungerecht behandelt. Ein Blick in eine beliebige Reithalle genügt um festzustellen, dass es leider den meisten Reitern nicht anders ergeht. Selten sieht man ein Lächeln, noch seltener echte Begeisterung. Stimmungen sind gewissermaßen ansteckend – sowohl gute als auch weniger gute. Daraus folgt, dass der Schlüssel zu einem motivierten Pferd ein motivierter Mensch ist, der in der Lage ist, das Team zu führen und seinen vierbeinigen Partner zu begeistern. Doch die Sache mit der Selbstmotivation ist leichter gesagt als getan. Die meisten Reiter stecken in einem dichten Gewirr aus unreflektierten Ansprüchen an das Pferd, den Traditionen der Reiterwelt und Wünschen an die eigene Außendarstel-

lung, sodass es unmöglich erscheint, einen einzigen kleinen Schritt in Richtung selbstbestimmtes, fröhliches Pferdetraining zu gehen. Viel zu tief verwurzelt sind Leistungsansprüche, Gruppendruck oder Versagensangst.

Dabei haben Selbstmotivation und positives Pferdetraining viel gemeinsam, sie basieren auf denselben Grundannahmen und Techniken. Um sich selbst erfolgreich und nachhaltig zu mehr Gelassenheit, weniger Stress und Druck im Training zu motivieren, bedarf es eines planvollen Vorgehens und des Auffindens der ureigenen Bedürfnisse. Ziele sind immer dann motivierend, wenn sie den eigenen Träumen und Wünschen entsprechen und nicht einfach von anderen übernommen werden. Wer eher Wanderritte oder Spaziergänge in schöner Umgebung vor seinem geistigen Auge auftauchen sieht, der wird vermutlich in einem Dressurstall mit den Vorstellungen von klassischen Lektionen eher weniger glücklich werden. Die erste Frage an sich selbst sollte dementsprechend die nach den tatsächlichen eigenen Zielen sein. Die zweite Frage knüpft direkt daran an: Warum haben wir eigentlich diese Ziele bisher nicht oder zu wenig verfolgt? Was bremst uns in unserem Falle in unserer Selbstmotivation? Haben wir das herausgefunden, können wir uns ganz dem eigentlichen Ziel wid-

Unsere Traumbilder führen uns auf den richtigen Weg.

Seinen eigenen Zugang finden, ohne sich von reiterlichen Traditionen einengen zu lassen.

men – der Erhöhung des Spaßfaktors und der des Glücks, indem wir konkrete Erfolgserlebnisse definieren. Wir errichten auf dem Weg zu unserer Erfüllung, zur Verwirklichung des Traumbildes, sozusagen Meilensteine, an denen wir uns entlangtasten. Es sollten Zwischenziele sein, die klar zu definieren, nicht völlig unrealistisch oder unerreichbar sind, sondern so, dass wir uns immer mal wieder ein Häppchen Erfolg gönnen können. Diese Erfolge auf dem Weg zum Ziel gilt es dann zu erkennen und auch wertzuschätzen. Jeder Meilenstein ist ein wichtiger Schritt in die richtige Richtung, der mit eigener Anerkennung und durchaus auch mit kleinen Belohnungen gewürdigt werden kann. Dabei ist es klar, dass wir selbst sowohl die Richtung unseres Weges bestimmen als auch unsere Geschwindigkeit selbst festlegen. Nichts ist motivierender als das Vorankommen mit seinem Pferd auf dem selbstgewählten, mitunter verschlungenen Pfad mit all seinen kleinen Umwegen, Aussichtsplätzen und Oasen.

Volle Power – den eigenen Weg finden

Manch einer lässt sich bei der Suche nach dem eigenen Weg sehr davon beeinflussen, was „man" alles so oder so machen müsste, was „vernünftige" Ziele sind oder traditionelle Werte, kurz Dinge, die „man schon immer so gemacht hat". Dabei entwickelt jeder seine wahre innere Kraft nicht unbedingt dort, wo andere sie sich vorstellen, sondern vielmehr da, wo die eigenen Stärken verborgen liegen. Sich immer nur mit Defiziten zu beschäftigen, die aus irgendwelchen Gründen nicht oder noch nicht funktionieren, macht auf Dauer nur unglücklich. Sicher darf keiner den Blick vor den eigenen Fehlern verschließen, die Motivation aber, diese Unzulänglichkeiten überhaupt anzugehen, findet man jedoch meistens erst, wenn man seine eigenen Stärken und Talente erkannt hat. Ein Beispiel: Gymnastizierung ist für jedes Reitpferd sinnvoll, doch die Möglichkeiten gezielten Trainings sind enorm vielfältig. So wird ein klassisch orientierter Dressurreiter etwa seine Stärke in den Seitengängen oder bei der Arbeit an der Hand entwickeln, während ein passionierter Springreiter auf Cavaletti-Reihen schwört und sein Talent für die Kräftigung der Muskulatur des Pferdes auf diese Art und Weise auslebt. Ein Dritter vermag den gleichen Effekt mit anspruchsvollen Zirkuslektionen zu erreichen. Zu jedem Ziel gibt es tausende Wege. Gerade die verborgenen Talente wie etwa unsere besondere Empfindsamkeit in Bezug auf das Wohlbefinden des Pferdes oder eine Engelsgeduld sind beispielsweise solche

entscheidenden Fähigkeiten, die uns von anderen Reitern unterscheiden. Daneben können wir uns selbst Erlebnisse und Situationen ins Gedächtnis rufen, auf die wir sehr stolz sind und uns fragen, wie wir dorthin gekommen sind. Was war unser eigener Beitrag? Welche mentale Stärke oder Fähigkeit hat uns dabei vor allem genützt? Genau diese Fertigkeiten gilt es weiter auszubauen und an erste Erfolge direkt anzuknüpfen. Dabei hilft es, sich Listen von den eigenen guten Eigenschaften zu machen, die hilfreich sein können, wenn es darum geht, erfolgreich und motiviert Pferde auszubilden und zu fördern. Diese Listen lassen sich dann zu konkreten Erfolgsplänen umbauen, indem Beispielaufgaben und Zwischenziele gefunden werden, bei denen genau diese Stärken aktiv genutzt werden können.

Das Handwerkszeug kennenlernen

Neben den mentalen Fähigkeiten, dem Entdecken der inneren Stärken und erlernten praktischen Fertigkeiten liegt das Geheimnis erfolgreicher Pferdetrainer mit motivierten Pferden in ihrer Fähigkeit, effektiv zu loben. Die wichtigsten Stichworte zum Thema effektives Loben sind: Präzision, Eindeutigkeit und Großzügigkeit. Es geht bei der Motivation von

Das Markersignal dient dazu, genau den Augenblick der Perfektion einzufangen.

Tier und Mensch immer um drei wichtige Teilbereiche: Das punktgenaue Timing, einen für das Pferd eindeutigen Grund für ein Lob und eine der Situation angemessene und großzügige Belohnungsrate.

Das korrekte Timing

Woher weiß ein Pferd eigentlich, warum und vor allem wofür genau es eine Belohnung, ein Lob oder ein Leckerli erhält?

Pferde lernen aus dem Moment heraus. Sie verstehen jedes Lob und jede positive Zuwendung gewissermaßen als Rückmeldung zu ihrem eigenen Verhalten. Dazu muss der Mensch äußerst präzise agieren, denn sein Timing des Lobens ist ganz entscheidend für den Erfolg des Trainings. Ist ein Lob unpräzise, kommt es etwa schon, bevor das Pferd das erwünschte Verhalten überhaupt ausgeführt hat oder aber zu spät, also einige Zeit nachdem es die erhoffte Bewegung gezeigt hat, so wird leicht ein falscher Lernweg eingeschlagen. Das Pferd kann dann nicht wissen, auf welchen Teil seines Verhaltens sich das Lob eigentlich bezog. Je komplexer die neu zu erlernende Verhaltensweise ist, desto genauer muss das Lob gegeben werden. Dazu ein Beispiel: Der Spanische Schritt wird nur dann meisterhaft gelingen, wenn wir es schaffen, dem Pferd zu vermitteln, dass wir uns wünschen, dass es schön kadenziert neben uns her schreitet, dabei die Vorderbeine im korrekten Takt hebt und nach vorne streckt. Wir müssen dem Pferd präzise mitteilen, dass es die Vorderbeine nicht nur ein wenig vom Boden heben soll, sondern sie aktiv aus der Schulter heraus heben und strecken kann. Kommt mein Lob nun nicht exakt in dem Moment des für den Ausbildungsstand höchstmöglichen Streckungsgrades, so wird der Spanische Schritt eben nicht immer erhabener und stolzer werden, sondern flach und un-

Unterschiedliche Belohnungsmarker auf einen Blick:

CLICKER

Vorteil:
- präzises Hilfsmittel
- für das Pferd gut hörbarer Frequenzbereich
- charakteristischer Ton
- neutrales Geräusch
- Trainerwechsel problemlos möglich

Nachteil:
- ungewohnte Handhabung
- eine Hand wird blockiert
- Emotionen müssen gesondert übermittelt werden

LOBWORT

Vorteil:
- Emotionen werden mit übertragen
- Lobwort kann immer ausgesprochen werden, da kein Hilfsmittel nötig
- Erregungslevel des Pferdes bleibt vergleichsweise niedrig

Nachteil:
- weniger präzise als Clicker
- Trainerwechsel schwierig
- kann vom Pferd überhört werden

„Lach' doch mal!" lautet hier das Kriterium für eine Belohnung.

spektakulär bleiben. Um wirklich genau diesen entscheidenden Augenblick des Durchstreckens des Beines mit dem Lob zu treffen, arbeiten viele Profitrainer mit einem sogenannten Belohnungsmarker. Der akustische Marker kann ein Lobwort, ein bestimmtes Geräusch oder etwa das Knacken des Clickers sein. Er kommuniziert dem Pferd, dass immer, wenn das Belohnungsgeräusch ertönt, auch eine direkte Belohnung zu erwarten ist. Hat das Pferd einmal den Zusammenhang zwischen Markersignal und Belohnung verinnerlicht, so wird dieses Geräusch immer dann verwendet, wenn punktgenau eine konkrete Verhaltensweise oder ein bestimmtes Bewegungsdetail akustisch eingefangen werden soll.

Das passende Kriterium: Warum erhält mein Pferd ein Lob?

Pferde arbeiten immer dann besonders freudig und motiviert mit, wenn sie verstehen, um was es geht und sie sich so optimal in den Trainingsprozess mit einbringen können. Deshalb kann man sich gut vorstellen, dass wir als menschliche Lehrer immer genau wissen müssen, wohin die Reise eigentlich gehen soll und welche Teilschritte konkret gelobt und belohnt werden sollen. Was ist also das aktuelle Belohnungskriterium? Wofür genau bekommt das Pferd sein Leckerli? Es ist ein großer Unterschied, ob wir manchmal am Podest das Aufsteigen belohnen, dann aber wieder die Kopf-Halshaltung als Kriterium für unsere Belohnung sehen. Unser Pferd kann aus dem willkürlichen Wechsel des Belohnungskriteriums nicht exakt herausfiltern, was seine momentane Aufgabe sein könnte. Wer diese Verwirrung vermeiden möchte, muss sich immer für ein einziges Kriterium zur gleichen Zeit entscheiden. Erst wenn dieses zur allgemeinen Zufriedenheit gefestigt ist, kann ein weiteres Detail hinzugenommen oder an der Perfektion der Lektion gearbeitet werden. Pauschal kann man sagen, dass eine Lektion erst ausgebaut werden sollte, wenn ein dafür notwendiges Verhaltensdetail so weit gefestigt ist, dass es in vier von fünf Fällen sicher abrufbar ist. Vorher hat es keinen Sinn, weiter voranzuschreiten. Gute Belohnungskriterien ergeben sich aus dem Ausbildungsstand und dem Fortschritt innerhalb der zu erlernenden Lektion. Dabei stellt man sich die gewünschte Bewegung des Pferdes so

> »Kein Wort und keine Tat vergehen. Alles bleibt und trägt Frucht.«
> Carl Hilty

detailliert wie möglich vor dem inneren Auge vor. In jedem beliebigen Moment könnten wir auf die Stopp-Taste in unserem inneren Film drücken, um ein bestimmtes Belohnungskriterium zu definieren, denn jeder einzelne Teilschritt ist gewissermaßen ein Aspekt, den es zu würdigen gilt. Dabei ist man immer dann am erfolgreichsten, wenn die Kriterien nicht zu viele komplizierte Details enthalten, sondern einfach und nachvollziehbar für das Pferd sind.

Die richtige Belohnungsrate: Wie oft und wie viel?

Immer wieder neu müssen wir uns Gedanken über die Häufigkeit und Qualität unserer Belohnungen machen. Wie viel Lob und Anerkennung braucht unser Pferd? Reicht das kleine Leckerli oder das obligatorische Halstätscheln, wenn wir uns von unserem Pferd verabschieden oder muss man noch mehr über Belohnungen wissen? Die richtige Belohnungrate ist ein wichtiger Faktor, an dem sich der Erfolg oder Misserfolg des Pferdetrainings definiert. Um es für den eigenen konkreten Fall, die aktuelle Übung und das ei-

Vorsicht: Motivationskiller!

Zwei der größten unsichtbaren Feinde für die motivierte und freudige Mitarbeit des Pferdes sind uns oft gar nicht bewusst: Stress und Angst. Diese behindern den Lernfortschritt ganz entscheidend. Gerade aus übertriebenem Ehrgeiz, der Orientierung an den falschen Vorbildern oder aus Unachtsamkeit werden Pferde nur zu häufig auch bei Freizeitreitern unter Druck gesetzt und geraten in Stress oder werden im Extremfall sogar in Angst und Schrecken versetzt. Nicht nur, dass das Lernvermögen und die Konzentrationsfähigkeit durch die ausgeschütteten Stresshormone nachweislich gestört werden, zudem kann es auch zu einem weniger bekannten Phänomen und Motivationskiller führen: Zu einer allgemeinen negativen Verknüpfung von Empfindung und gleichzeitigem Ereignis. Die Pferde verbinden die Arbeit und die Nähe zu uns unbewusst mit ihren empfundenen Emotionen, also auch ihr für uns vielleicht unsichtbares Stresserleben. Daher kann es dazu kommen, dass bestimmte Situationen, einzelne Ausrüstungsgegenstände oder diverse Orte sozusagen „vergiftet" werden, sodass das Pferd nun schon auf die Anwesenheit eines dieser Reize mit Meideverhalten reagiert. Gerade wenn Besitzer sagen „Mein Pferd läuft in der Reithalle schlecht" oder „es lässt sich nur schwer einfangen" kann davon ausgegangen werden, dass eine grundlegende Störung in der Vergangenheit das Vertrauen in die Arbeit mit dem Menschen belastet. Um aus diesem Teufelskreis auszubrechen, ist es sinnvoll, gerade diese Problemfelder neu positiv zu besetzen. Zum Beispiel könnte man eine Zeit lang in der Reithalle nur spielen und füttern und nicht reiten oder das Pferd auf der Weide nur mal entspannt besuchen, ohne es zur Arbeit mitnehmen zu wollen.

gene Pferd zu entscheiden, gelten einige Faustregeln: Ein erfahrenes Pferd braucht wesentlich weniger Rückmeldung als ein unerfahrenes. Auch die Erfahrung mit einer bestimmten Lektion ist dabei zu beachten. So kann ein Westernpferd gleichzeitig Neuling bei der Erarbeitung von Zirkuslektionen sein und dabei sehr viel Lob benötigen, auch wenn es in seinem Metier weit fortgeschritten ist. Generell brauchen Pferde immer dann am meisten Rückmeldung, wenn es sich um eine völlig neue Aufgabe handelt. Auch wenn feine Details bearbeitet werden sollen, ist eine hohe Belohnungsrate gefragt, um die Motivation des Vierbeiners zu erhalten. Ganz nebenbei ist die Bedeutung von Belohnungen auch abhängig von dem individuellen Charakter. Es gibt Pferde, die geben für seltene Ansprache ihres Menschen buchstäblich alles, während andere nur dann motiviert mitarbeiten, wenn sie kontinuierlich mit hochwertigen Belohnungen begleitet werden. Forschungsergebnisse führten in Bezug auf die Belohnungsrate einhellig zu folgender Erkenntnis: Lieber einmal zu häufig belohnen als zu selten loben. Eine zu niedrige Belohnungsrate demotiviert Pferde und lässt sie sozusagen „den Faden verlieren". Ihre Aufmerksamkeit driftet dann schnell weg von unserem Training und die Konzentration wird geschwächt.

Die Belohnungsrate bestimmt das Motivationslevel des vierbeinigen Schülers.

Erwartungen loslassen

Wer an seinen inneren Erwartungen festhält, der wartet unter Umständen buchstäblich bis in alle Ewigkeit. Besser ist es, nur ein ungefähres Wunschbild zu verfolgen und frei für die Ideen des Pferdes zu bleiben.

Am besten lebt und trainiert es sich, wenn man es schafft, die Dinge manchmal einfach nur auf sich zukommen zu lassen, ohne sich krampfhaft auf ein bestimmtes Ziel zu fixieren. Ziele sind zwar wichtig um eine grobe Ausrichtung festzulegen, können aber auch leicht zu einer Sackgasse ohne Abzweigungen werden, wenn wir nicht offen für die Möglichkeiten des Momentes bleiben und uns an unseren Fähigkeiten, den Talenten des Pferdes und an der aktuellen Stimmung orientieren. Gerade überzogene Erwartungen führen so leider zu einer verkrampften Haltung im Training und verhindern ein motiviertes lustvolles Miteinander von Pferd und Mensch.

Training leicht gemacht

Das positive Pferdetraining lebt vom sinnvollen Einsatz von notwendigen Hilfsmitteln und einem gut durchdachten Aufbau der Trainingseinheiten. Gerade die unzähligen Hilfsmittel im Pferdebereich zeigen, dass sich die meisten Menschen mehr auf die Versprechungen der Hersteller von vielfältigem Equipment verlassen, als sich mit den eigenen Fähigkeiten zu beschäftigen, um langfristig Hilfszügel und Co. überflüssig werden

Der neu etablierte Target-Stick gibt dem Pferd eine Orientierungshilfe im Training.

lohnung, können wir auf die allermeisten gängigen Hilfsmittel gänzlich verzichten. Unser wichtigstes Werkzeug ist neben unserem eigenen Körper und der Stimme ein prall gefüllter Futterbeutel. Bei Bedarf können wir eine Gerte oder Target-Stick als Zeigestab und Orientierungshilfe verwenden. Wollen wir hauptsächlich mit Futterbelohnungen arbeiten, ist es wichtig, dass wir die Leckerlis griffbereit zur Verfügung haben, sich die Tasche leicht öffnen lässt und wir problemlos ohne Zeitverzögerung hineingreifen können. Für diese Art der Belohnung hat sich etwa eine geräumige Bauchtasche oder ein kleiner Beutel am Gürtel bewährt. Eine Gerte leistet gute Dienste, wenn das Pferd lernen soll, ein bestimmtes Körperteil in eine vorgegebene Richtung zu bewegen. Die Gerte ermöglicht uns dabei, eine bequeme Position beizubehalten und dem Pferd dennoch eine räumliche Orientierung bieten zu können. Ein Target-Stick kann als „Zielobjekt" dienen und besteht aus einem Stab mit einem aufgesetzten kleinen Ball als optischem Blickfang. In einigen wenigen speziellen Trainingseinheiten wird das Pferd auf dieses Target konditioniert, das bedeutet, dass wir jede Annäherung oder auch Berührung mit der Nase ausgiebig loben und belohnen. Wir erreichen den optimalen Motivationslevel im Training, wenn wir unserem

zu lassen. Es gilt dabei: Weniger ist mehr! Betrachtet man die gängigen Angebote in Reitsportgeschäften, so wird deutlich, dass sehr viele Ausrüstungsutensilien vor allem dazu gedacht sind, den Druck auf das Pferd zu erhöhen, um dem Menschen die Arbeit vermeintlich zu erleichtern. Basiert unser Training aber auf Lob und Be-

Pferd die Möglichkeit geben, auch mental erst einmal warm zu werden und eine vorhersehbare Struktur in unserer gemeinsamen Arbeit etablieren. Das wissen die meisten Reiter in körperlicher Hinsicht bereits zu schätzen, indem sie mit einer Phase des Warmreitens beginnen. Es folgen dann eine intensive Arbeitsphase sowie eine Entspannungsphase am Ende der Einheit. In mentaler Hinsicht ist vielen Pferdemenschen dieser Zusammenhang häufig nicht ganz so deutlich bewusst. Pferde brauchen auch eine gewisse Lernstruktur, damit wir mit Lob und Begeisterung so viel Erfolg wie möglich haben können. Sowohl Pferde als auch Menschen haben eine relativ kurze Aufmerksamkeitsspanne. Die Konzentration reicht im Schnitt maximal 30 Minuten und auch innerhalb dieser halben Stunden werden immer mal wieder kurze Denkpausen – von Pferd und Reiter – benötigt. Gerade junge Pferde sind schon nach zehn Minuten intensiven Trainings psychisch erschöpft und eine Fortsetzung der Arbeit führt dann nicht zu weiteren Verbesserungen der Ergebnisse sondern im Gegenteil zur Verschlechterung. Selbstverständlich kann ein gesundes Reitpferd auch einen längeren Ausritt unbeschadet überstehen, aber eine hochkonzentrierte und effektive Arbeit an neuen Lerninhalten funktioniert nur wenige Minuten am

Stück. Daher sollte unsere mentale Aufwärmphase nicht mit allerlei schwierigen Denkaufgaben gespickt werden, sondern zum Beispiel mit einem bereits bekannten Spiel beginnen. Danach kann man dann sowohl körperlich wie auch geistig entspannt die anspruchsvolle Arbeitsphase mit voller Konzentration angehen.

Spielregeln für Pferd und Mensch

Wie jedes gute Spiel hat auch das Belohnungstraining Prinzipien und Grundregeln, auf die sich die beiden ungleichen Trainingspartner verständigen müssen. Neben den schon erwähnten Grundre-

Mit Futter sollte nur dann belohnt werden, wenn das Pferd beim Training höflich ist.

»Der wahre Grund der Freude, wie sie aus dem Umgang mit Pferden erwächst, ist, dass sie uns Anmut, Schönheit, Geist und Feuer näherbringen.«

Sharon Ralls Lemon

geln des Timings, des wirklich punktgenauen Lobens (siehe S. 22), ist es wichtig, sich zu vergegenwärtigen, dass ein Lob immer ein klar definiertes Verhaltensdetail mit „Ja, richtig" markieren soll. Daraus folgt, dass man niemals loben oder gar mit einem Leckerli belohnen sollte, wenn das Pferd entweder gar kein korrektes Verhalten gezeigt hat, dieses Verhalten gerade gar nicht erwünscht gewesen ist oder aber der eigentliche Sinn der Übung von Unhöflichkeit oder zu viel Aktivität vonseiten des Pferdes überdeckt ist. Lobt man ein Pferd in diesem Falle, wird es denken, dass ein gewisses Maß an rüpelhaftem Verhalten zu der Lektion dazugehört. Wir belohnen immer den Gesamtkontext, also all das, was gleichzeitig im Augenblick während der Lektion passiert.

Besonders wichtig ist es, dass eine Belohnung vom Pferd wirklich begeistert angenommen und damit überhaupt erst als erstrebenswerte Belohnung wahrgenommen wird. Viele Pferde merken gar nicht, dass sie gerade gelobt wurden, weil sie es beispielsweise wenig motivierend empfinden am Hals getätschelt zu werden oder aber mit dem Stimmlob des Menschen noch nichts anfangen können. Auch mit dem Futterlob sind viele Pferde anfangs überfordert. Sie müssen erst lernen, ihr Verhalten mit dem Lob und der Belohnung in Verbindung zu bringen. Deshalb lautet die Hauptregel für uns Menschen: Loben muss man genauso konsequent erlernen wie jede andere Arbeitstechnik im gemeinsamen Training auch.

Will man punktgenau an einem Trainingsschritt arbeiten, so sollte jede Trainingseinheit sehr kurz sein. Dabei kann es sich buchstäblich um wenige Minuten handeln. Zwischendurch sorgen kleine Pausen für die nötige Entspannung und Zerstreuung. Wird darüber hinaus jede Übungseinheit mit einem Erfolgserlebnis beendet, bleibt das Training dem Pferd positiv im Gedächtnis. Beginn und Ende einer Einheit sind von entscheidender Bedeutung, da das Pferd diese Momente besonders gut in seinem Langzeitgedächtnis abspeichert. Wir tun gut daran, einen schnellen Anfangserfolg zu ermög-

Der Wechsel des Trainingsortes lässt das Gelernte in einem ganz neuen Licht erscheinen.

lichen, etwa indem wir eine schon gut bekannte oder körperlich leichte Übung abfragen und zum Ende hin immer dann aufhören, wenn es am schönsten ist. Das altbekannte „Einmal geht noch" führt oft gerade zur Verschlechterung, da sich durch Konzentrationsmangel oder Fehler des Trainers leicht Ungenauigkeiten einschleichen können. Das allgemeine Lerntempo hängt dabei immer vom Pferd ab. Was dem einen Tier leicht fällt, kann für ein anderes schon eine zu große Herausforderung darstellen. Deshalb ist Geduld oberstes Gebot im Pferdetraining, zusammen mit der Fähigkeit, auch kleinste Fortschritte zu würdigen. Dazu steigert man die Anforderungen immer so langsam, dass stets die Aussicht auf Erfolg bestehen bleibt. Auf jeder Ausbildungsstufe hat es sich bewährt, das Pferd zunächst konsequent immer für einen Fortschritt zu loben und erst dann zu einer selteneren Belohnungshäufigkeit überzugehen, wenn die Lektion sicher abrufbar ist.

Besonders effizient ist es, das Training immer wieder an unterschiedlichen Orten, also sowohl in der Halle als auch draußen auf dem Reitplatz oder im Paddock durchzuführen, um dem Pferd die Möglichkeit zu bieten, Gelerntes möglichst gut in verschiedenen räumlichen Kontexten zu verinnerlichen. Pferde verknüpfen ihre neuerworbenen Lerninhalte stärker mit ihrer Umgebung als wir Menschen. So kann es passieren, dass beispielsweise das Kompliment nur im weichen Sand der Reithalle funktioniert, aber auf der Wiese nicht abrufbar ist, einfach weil das Pferd diese ganz spezielle Übung mit der Gesamtsituation in der Halle verknüpft hat und noch nicht in der Lage ist, Gelerntes räumlich zu verallgemeinern. Über einen Wechsel der Trainingsorte kann nebenbei auch der Grad der Ablenkung gesteigert werden. Immer wenn wir uns auf eine neue Lektion konzentrieren wollen, bietet es sich an, in einem ablenkungsarmen Umfeld wie etwa in einer Halle zu üben. Möglichst bald sollten wir aber dazu übergehen, auch in Anwesenheit von Zuschauern, anderen Pferden oder sonstigen Ablenkungen zu arbeiten, um die Stresstoleranz des Pferdes bei der Arbeit langsam zu erhöhen. Versteht das Pferd trotz behutsamer Steigerung nicht, was wir von ihm möchten, so bietet es sich an, wieder einige Trainingsschritte zurückzugehen

und zunächst die Basis zu festigen, bevor wie uns auf einem anderen Wege unserem eigentlichen Ziel nähern.

Für jeden das Richtige

Auch bei Pferden gibt es wie bei uns Menschen unterschiedliche Motivationstypen. Während sich die einen leicht von einer euphorischen Grundstimmung und viel Begeisterung auf Seiten des Trainers mitreißen lassen, benötigen andere Tiere immer wieder Abwechslung durch kleine Pausen oder ein gemeinsames Spiel. Vereinfacht gesagt gibt es fünf verschiedene Motivationstypen beim Pferd: Es gibt den Anerkennungs-orientierten Motivationstyp, den auf Körperkontakt-bedachten Typ, den bewegungsfreudigen Typ, den verspielten Typ und natürlich den futterorientierten Typ. Ein Stück weit gehen alle diese Typen ineinander über und die meisten Pferde können mit Belohnungen aus den unterschiedlichen Bereichen motiviert werden oder lernen mit der Zeit, diese zu genießen. Für den Einstieg in das Belohnungslernen ist es jedoch am einfachsten, herauszufinden, welcher Motivationstyp dem eigenen Pferd am ehesten entspricht. In diesem Motivationsbereich kann man anfangen und nach und nach das eigene Training um weitere Lobformen erweitern. Doch wie erkenne ich nun, mit welcher Lobform ich am besten beginnen kann?

Anerkennungs-orientierter Motivationstyp

Pferde, die sich nach Anerkennung sehnen, sind zunächst einmal sehr menschenbezogen und suchen auch von sich aus den engen Kontakt. Sie behalten ihre Bezugspersonen im Fokus ihrer Aufmerksamkeit, suchen den Blickkontakt und orientieren sich an der Körpersprache des Menschen. Dabei fällt es ihnen besonders leicht, die Stimmungen des Partners zu empfangen und Zuwendung zu genießen.

Körperkontakt-bedachter Motivationstyp

Es gibt viele Pferde, die auch von uns Menschen gerne gekrault und berührt werden. Man erkennt sie daran, dass sie schon auf leichtes Streicheln direkt positiv und

Einige Pferde lassen sich am besten über Anerkennung und Zuneigung motivieren.

»Einem kleinen Funken
folgt eine große Flamme.«

Dante Alighieri

mit einem „Putzgesicht" und dem „Genießerblick" reagieren. Auch suchen sie vermehrt die körperliche Nähe ihres Menschen und stellen sich dann in Kraulposition. Dabei gibt es durchaus Unterschiede in der Art der Berührung, die Pferde mögen – das reicht von einem zarten Kraulen bis hin zu kräftigen Massagen.

Bewegungsfreudiger Motivationstyp

Pferde drücken ihre Emotionen über Bewegung aus. Dabei haben sie ein sehr facettenreiches Kommunikationsreper_toire. Für Bewegungs-orientierte Mo-

tivationstypen ist das Laufen an sich – gemeinsam mit dem Menschen, anderen Pferden oder auch allein – schon eine selbstbelohnende Aktivität. Man erkennt sie daran, dass sie von sich aus viel und gerne laufen, mal im Schritt, mal in höheren Gangarten, aber auch Spaß an unterschiedlichen Bewegungsformen wie spielerischem Steigen oder dem Bocken haben.

Verspielter Motivationstyp

Viele Pferde, besonders junge Hengste und Wallache spielen ausgiebig miteinander und gerne auch mit Spielzeugen. Für sie zählt die lockere Atmosphäre im Spiel und die ungezwungene Form der Beschäftigung. Verspielte Pferde interessieren sich sehr für ihre Umgebung, gehen auf unbekannte Objekte neugierig zu und experimentieren mit unterschiedlichen Bewegungsmöglichkeiten. Sie sind tendenziell eher aktiv und langweilen sich schnell.

Futterorientierter Motviationstyp

Futter ist ein Lebenselixier, welches eine ungeheure Bedeutung für jedes Lebewesen besitzt. Dabei sind einige Pferde echte

Für den verspielten Motivationstyp ist ein kleines Laufspiel das Größte.

Gourmets, sie schätzen den besonderen Leckerbissen, das aus ihrem alltäglichen Futter heraus stechende Geschmackserlebnis und sind leicht über Leckerlis zu motivieren. Sie zeigen aber auch eine ausgeprägte Neigung zum Betteln und zum Stöbern in den Taschen, daher muss man diese hochmotivierten Verhaltensweisen mit Höflichkeitsübungen in verträgliche Bahnen leiten.

Freude ausstrahlen

*Die echte Freude und der ehrliche Enthusiasmus sind es,
die uns und unser Pferd von innen heraus strahlen lassen:
Gehen wir also auf die Suche nach dieser positiven Energie,
die unser Leben entscheidend bereichert.*

Wann immer sich jemand wirklich von Herzen freut, kann dies von den sensiblen Pferden nachempfunden werden. Wahre Freude bleibt nicht ohne Spuren, sie ist ansteckend und Voraussetzung für ein positives Lebensgefühl und ein freudiges Miteinander. Die positive Energie muss bei einem selbst beginnen, um auf den Partner Pferd auszustrahlen und diesen zur Mitarbeit zu motivieren. Dabei ist es wichtig, sich selbst zu beobachten und zu erkennen, wie man seine innere Begeisterung deutlich nach außen zum Ausdruck bringen kann.

Immer ein Lächeln auf den Lippen

Insbesondere wenn es um das Thema körpersprachliche Kommunikation mit dem Pferd geht, kommt es unter Pferdefreunden immer wieder zu einer einseitigen Betrachtungsweise. Nur zu oft wird das Stichwort Körpersprache verwendet, um eine Drohkulisse aufzubauen mit der Druck auf das Tier ausgeübt, es vor sich hergetrieben oder auf Distanz gehalten werden kann. Die Körpersprache des Menschen hat jedoch wesentlich mehr zu bieten als sich auf primitive Drohgesten

Wer sich ein dynamisches Pferd wünscht, muss selbst Freude und Energie ausstrahlen.

zu beschränken. Gerade die positive Form der Körpersprache ist vielfältig und kann dazu dienen, das Pferd quasi mit offenen Armen zur Mitarbeit einzuladen. Dabei ist ein erster Schritt zu einem wirklich authentischen Loben und positiver Arbeit mit Pferden der Gedanke an ein Lächeln auf den Lippen. Wenn wir lächeln, entspannt sich unser Körper zunehmend und wir geraten in eine freudige Grundstimmung, da unsere Körperhaltung immer direkten Einfluss auf das tatsächliche emotionale Empfinden hat. Wer lächelt, suggeriert seinem Körper, dass es da etwas zu feiern, zu bestaunen oder liebzuhaben gibt. Sogar das leiseste, angedeutete Lächeln beschwingt uns innerlich und gibt uns die Energie die wir brauchen, um positiv mit dem Pferd in Kontakt zu treten. Zusätzlich hilft dabei ein zärtlicher, weicher und wohlwollender Blick. Pferde spüren diese Art der Wertschätzung genau und gehen ihrerseits auf dieses Kommunikationsangebot ein, um mit uns in eine direkte emotionale Beziehung zu treten. Wichtig ist dabei auch der Aspekt der eigenen Gelassenheit. Unsere Ausstrahlung muss wahrhaftig widerspiegeln, dass wir alle Zeit der Welt haben und nicht wie Getriebene, abgehetzt durch unseren stressigen Alltag, mal eben etwas Zeit für unser Pferd erübrigen. Pferde fühlen den Unterschied genau, ob wir schlechtgelaunt unser Arbeitspensum erledigen wollen oder ob wir ihnen mit gespannter Neugier, ehrlicher Freude und in ausgeglichener Stimmung begegnen.

Ausgehend von unserer freudigen Gesichtsmimik setzt sich die positive Form der menschlichen Körpersprache fort, wenn man sich bewusst eine schwerelose Leichtigkeit vorstellt. Schwingende, tänzerische Bewegungen helfen, eine beschwingte Stimmung zu erzeugen. So ent-

steht ein positives Feedback von unserem Körper hin zu unserer Psyche. Leichtigkeit in unseren Bewegungen befreit auch gleichzeitig unsere Gedanken von ihrer Last. Über diesen Kanal der Körpersprache sprechen wir direkt zu unseren Pferden und verraten ihnen viel über unsere innere Einstellung, wie auch die Tiere uns auf diesem Wege ihre Emotionen mitteilen.

Bewegungen spiegeln

Es entsteht eine besondere Harmonie bei der Arbeit mit den Pferden, wenn wir uns im Gleichklang bewegen, Tempo, Takt und Richtung mühelos verändert

Zwei Seelen im Gleichklang der Bewegung.

> »Beziehung ist der Spiegel,
> in dem wir uns selbst so
> sehen, wie wir sind.«
>
> Krishnamurti

werden können und eine gemeinsame Bewegungsenergie existiert. Biologisch gesehen funktioniert eine solche Spiegelung der Bewegungen durch das intuitive Einfühlen in die Absicht des ungleichen Tanzpartners. Jede Änderung der Bewegungsrichtung oder Anpassung von Takt oder Tempo kann durch winzige kaum bewusst wahrnehmbare Anzeichen schon erahnt werden, bevor sie geschieht. Insbesondere soziale Herdentiere wie Pferde, sind ausgesprochen sensibel für die Intentionen ihres Gegenübers und dessen Bewegungsabsichten. Gerade für den Zusammenhalt der Gruppe und die Festigung der freundschaftlichen Bindungen ist das als „mirroring" bezeichnete Spiegeln der Bewegungen äußerst wichtig. Einander vertraute Tiere gleichen ihre Be-

wegungsmuster immer mehr aneinander an und orientieren sich ebenso in der Gestaltung ihres Alltags mit gemeinsamen Fress- und Ruhezeiten und etablieren sogar eine Annäherung ihrer Atem- und Herzfrequenz. Ein ähnlicher Vorgang ist auch bei einander sympathischen Menschen bekannt, die sich im Verlauf einer Beziehung in Bezug auf ihre Gesten, Mimik und Körperhaltung mehr und mehr zu ähneln beginnen. In der Kennenlernphase wird bei Pferd und Mensch das Gegenüber quasi „abgecheckt", ein erstes vorsichtiges Nachahmen des anderen entsteht, ohne dass es dem Einzelnen bewusst werden würde. Wer aufmerksam eine neu entstandene Freundschaft zwischen Pferd und Mensch begleitet, wird diese subtile Spiegelung in dem Ausdruck und den Umgangsformen erkennen können. Jeder Reiter kann diesen Prozess der Angleichung und Vertiefung der Beziehung aktiv fördern, indem er sich neugierig auf die Ideen und damit auch auf die Persönlichkeit des Pferdes einlässt. Bemerken wir also, dass unser Pferd beispielsweise in der Ferne etwas erblickt hat, können wir seiner Blickrichtung folgen und ebenfalls dorthin sehen, um dem Tier unser Interesse an seiner Erlebniswelt zu signalisieren. Anfangs werden wir noch ganz bewusst versuchen, das Verhalten unseres vierbeinigen Partners

Dem Blick des Pferdes folgen und in seine Erlebniswelt eintauchen.

zu spiegeln, aber mit der Zeit werden wir kaum noch unterscheiden können, wer eigentlich wessen Spiegelbild ist. So wird jedes Bewegungsdetail, welches wir uns teilen, zu einem emotionalen Baustein für unsere Beziehung.

Der eigene Fokus

Die eigene Blickrichtung und der Fokus unserer Aufmerksamkeit können gewinnbringend für eine gewaltfreie, nonverbale Kommunikation mit dem Pferd einge-

setzt werden. Pferde halten ähnlich wie wir Menschen den Blickkontakt zu ihrem „Gesprächspartner", dabei blinzeln sie und senken die Augenlider bewusst, um ein Starren zu vermeiden. Wer sein Pferd gut beobachtet, wird bemerken, wie es schon aus der Ferne versucht, über Blickkontakt mit uns in einen Dialog zu treten. Wann registriert mein Pferd beispielsweise, dass ich es von der Weide holen möchte? Die meisten Pferde und besonders unsere vertrauten Partner bemerken unsere Absicht nicht erst, wenn wir direkt

Pferde lieben den weichen Blick des Reiters.

sie etwa für eine gemeinsame Trainingseinheit zu motivieren. Wer aber schon frühzeitig über einen freundlichen, nicht starren Blickkontakt ein Kommunikationsangebot aussendet und das Pferd zum Dialog einlädt, der wird schon aus der Ferne mit einem Augenaufschlag und einem freundlichen Brummeln als Begrüßung bedacht.

Auch beim Führen können wir unsere Blickrichtung nutzen, um dem Pferd nonverbal und sanft unsere Absicht mitzuteilen. Bevor wir mit unserem gesamten Körper eine Richtung einschlagen oder gar das Pferd am Führstrick in eine Richtung ziehen, bietet es sich an, sich gewissermaßen mit dem Pferd über Blickkontakt und dann über einen Schwenk des eigenen Fokus' auf den gemeinsamen Weg zu verständigen. So hat das Pferd die Chance, bereits an unserer Körpersprache zu erkennen, wohin wir mit ihm gehen möchten und wird nicht unvermittelt von jeder Richtungsänderung irritiert.

Auch die Art, wie wir unsere Umgebung betrachten, macht einen großen Unterschied aus. Es gibt sowohl den weichen, umherschweifenden als auch den scharf fokussierenden Blick. Wenn wir beispielsweise mit dem Rad fahren, haben wir einen weichen Blick und lassen die Landschaft an uns vorüberziehen, ohne mit starrem Blick ein bestimmtes Objekt

neben ihnen stehen. Gerade sensible oder sehr menschenbezogene Tiere erahnen schon auf große Distanz, dass wir uns ihnen zuwenden oder über sie sprechen. Sie reagieren auf unsere Zuwendung ihrerseits mit Interesse, wenn sie den Wunsch verspüren, mit uns in Kontakt zu treten. Wenn Pferde jedoch keine Lust auf unsere Nähe haben, drehen sie sich weg und ignorieren uns. Dann muss man sich schon etwas Besonderes einfallen lassen, um direkt zu fixieren. Pferde lieben es, wenn wir unseren Blick im Kontakt mit ihnen möglichst weich halten. Ein starres Fixieren bedeutet nämlich in der Körpersprache der Pferde, das dort in dem hohen Gras vielleicht ein gefährliches Raubtier lauert und versetzt die Tiere dadurch leicht in eine erhöhte Alarmbereitschaft. Eine gute Übung für den weichen Blick kann man mit Hilfe des eigenen Daumens ausprobieren. Wir heben dazu den Arm mit gestrecktem Daumen vor unser Gesicht und fixieren diesen zunächst. Dann lassen wir den Blick weich werden, sodass der Daumen unscharf wird und nur noch zu einer Facette des Gesamtbildes verschmilzt. Schalten wir nun mehrfach zwischen fokussiertem Blick und weichem Blick hin und her, so gewinnen wir ein Gefühl dafür, wie wir am besten mit dem Pferd in Kontakt treten können. Die Augen werden nicht umsonst als Fenster zur Seele bezeichnet. Über einen intensiven, aber doch zarten Blick können wir buchstäblich die Seele eines anderen Lebewesens erfahren und es so in seiner Vollkommenheit erfassen. Genau hinschauen und offen sein für die Bedürfnisse des anderen, ermöglicht es den Pferden und uns Menschen, eine tiefe Verbundenheit zu spüren, welche vielleicht überhaupt nur in einer Beziehung entstehen kann, die auch ohne Worte auskommt.

> »Liebe ist mehr als ein Gefühl. Sie bedeutet, positiv über unser Pferd zu denken.«
>
> Ariane Reaves

Energie ausstrahlen

Ein häufiges Problem bei wenig zur Mitarbeit motivierten Pferden ist es, dass wir es nicht schaffen, Bewegungsenergie aus dem „Nichts" zu kreieren. Viele Reiter geraten dann immer wieder in den Teufelskreis der Drucksysteme, bei denen die Tiere durch eine drohende Körpersprache oder mit Hilfe von Schmerzreizen zu einer Reaktion gezwungen werden. Wirklich gelebte Energie die zu authentischen, lebensfrohen Bewegungen führt, kommt jedoch aus uns selbst heraus und entsteht nicht durch Druck. Die eigene Körpersprache kann dabei ungemein hilfreich eingesetzt werden, ohne dass wir für unser Pferd gleich als eine Bedrohung wahrgenommen werden. Der mensch-

Sich gegenseitig anstecken mit Ausgelassenheit und Power.

liche Körper strahlt bereits Energie aus, wenn er zunächst einmal etwas gestrafft ist und eine gewisse Spannung aufgebaut wird. Unterstützt wird diese stabile Körperhaltung durch eine gute Aufrichtung und einen erhobenen Kopf. Um sich der eigenen Bewegungsenergie und dem Grad der Lockerheit bewusst zu werden und so dem Pferd zu mehr Aufmerksamkeit und Dynamik zu verhelfen, können einige kleine Übungen durchgeführt werden:

Mit welchem Fuß zuerst?

Wollen wir vom Stehen zum Gehen wechseln, müssen wir uns entscheiden, mit welchem Fuß wir zuerst auftreten und beginnen möchten. Im Alltag treffen wir diese Entscheidung rein intuitiv und geraten gedanklich erst ins „Stolpern", wenn wir bewusst darüber nachdenken. Konzentrieren wir uns aber einmal darauf, so werden wir feststellen, dass es nicht möglich ist, einen Fuß anzuheben, ohne vorher das Gewicht etwas zu verlagern. Und genau dieses minimale Verlagern unseres Schwerpunktes ist ein Schlüssel zur motivierenden Kommunikation mit dem Pferd. Pferde sind äußerst geschickte Beobachter und sie bemerken an uns Zweibeinern sehr leicht, wie stark wir unser Gleichgewicht wohin verlagern und passen ihre eigene Bewegung daran an.

Dynamisch gehen?

Die Anpassungsfähigkeit des Pferdes an die Bewegung des ihm vertrauten Menschen wird umso deutlicher, wenn man etwas mit der eigenen Dynamik spielt. Probieren wir einfach aus, was passiert, wenn wir eine Winzigkeit schneller gehen ohne zu eilen, die Füße bei jedem Schritt wenige Millimeter höher heben oder energischer aufsetzen. Völlig ohne treibende Hilfen anwenden zu müssen, überträgt sich dann unser Bewegungsfluss von ganz allein auf unseren vierbeinigen Partner.

Beschwingt voran!

Der Ausdruck der Bewegung ändert sich bei vielen Pferden enorm, wenn wir unseren eigenen Körper beschwingter bewegen. Einfach mal wie eine Tänzerin gleich den ersten Schritt erhabener gestalten und dabei den Brustkorb anheben, setzt einen deutlichen Bewegungsimpuls. Wer es darüber hinaus noch schafft, das Gleichmaß der eigenen Schritte zu kontrollieren, bietet dem Pferd so den Anreiz, sich am Takt des Menschen zu orientieren.

Lobformen kennenlernen

Loben bedeutet nicht wahllos eine Belohnung zu verteilen, sondern es bedeutet das Versprechen, die Leistung des anderen anzuerkennen. Dabei steht das Pferd im Mittelpunkt des Geschehens, das Lob ist ihm zugedacht, es wird bejubelt und bewundert. Nur so wird es spüren, dass unser Lob wirklich ein Geschenk ist und nicht zum Teil zurück gehalten wird.

Die unvergleichliche Einzigartigkeit jeder einzelnen Pferdepersönlichkeit macht die Arbeit und das Leben mit ihnen so spannend. Auch in Bezug auf ihre Begeisterungsfähigkeit sprechen Pferde auf ganz unterschiedliche Techniken an. Die Kenntnis möglichst vieler verschiedener Lobformen hilft uns dabei, sich ein breites Spektrum an Fertigkeiten anzueignen, um verschiedene Pferdetypen bei unterschiedlichen Aufgaben und ihrer Tagesform entsprechend zu motivieren.

Du bist das Größte

Wer hört nicht gerne, dass man geliebt wird für das, was man ist und nicht nur für das, was man kann? Überschwängliches Lob ist eine Möglichkeit, dem Pferd zu zeigen, dass es kostbar ist, dass man es achtet und seine Persönlichkeit wertschätzt. Unsere Zuwendung zeigt ihm auch ganz direkt, dass es etwas richtig gemacht hat und stolz auf seine Leistung sein kann. Viel zu viele Dinge werden im Alltag als selbstverständlich angesehen.

Unsere Anerkennung sollten wir dem Pferd auch für scheinbare Selbstverständlichkeiten schenken.

Selbstverständlichkeiten immer mal wieder mit einem „Danke" zu belegen. Das kann ein anerkennender Blick sein, ein Lächeln oder auch ein begeistertes Stimmlob – wichtig ist nur, dass es von Herzen kommt, damit es auf der Gefühlsebene von unserem Pferd nachempfunden werden kann.

Entscheidend für die Beziehung zu dem Pferd ist es ebenso, dem vierbeinigen Partner immer mal wieder zu zeigen, wie wertvoll er ist, ohne eine bestimmte Leistung zu erbringen, denn das Leben auf der Weide darf keine ständige Prüfungssituation darstellen. Es ist eben ein Unterschied, ob wir Lob und Anerkennung nur dann einsetzen, wenn das Pferd „lieb" gewesen ist, oder ob wir überraschend eine kleine Aufmerksamkeit schenken, auch ohne vorher eine Aufgabe gestellt zu haben. So reduzieren wir das Pferd nicht nur auf seine Leistungen, sondern geben ihm zu verstehen, dass wir seine Persönlichkeit achten, jeden Moment des Zusammenseins genießen und ein aufmerksamer Gefährte sein möchten.

Zeit für Zärtlichkeit

Wir gehen einfach davon aus, dass das Pferd die Hufe gibt oder auch problemlos in den Pferdeanhänger steigt. Es ist aber wichtig, gerade diese vermeintlichen

Loben kann auch auf der direkt körperlichen Ebene durch angenehmen Körperkontakt, zärtliches Kraulen oder Streicheln oder durch eine intensive

Massage verdeutlicht werden. Die Haut des Pferdes ist sehr empfänglich für Berührungen und damit sozusagen unsere wichtigste Kontaktfläche für eine zärtliche Zuwendung. Genießt das Pferd eine Berührung, so werden im Pferdegehirn chemische Botenstoffe ausgeschüttet, die dem Tier Wohlbefinden signalisieren. Dabei gibt es bestimmte „Bindungshormone", die sogar in der Lage sind, den Stoffwechsel positiv zu regulieren, das Pferd zu beruhigen und seinen Herzschlag zu verlangsamen. Zärtlichkeiten

lohnen sich also in mehrfacher Hinsicht: Sie schaffen Bindung und Freundschaft, dienen als Lob und können zur Entspannung und Motivation des Tieres beitragen.

Damit das Pferd Berührungen auch wirklich als Belohnung für geleistete Arbeit wahrnehmen kann, müssen wir bei jeder Pferdepersönlichkeit individuell herausfinden, welche Art von Druck auf der Haut als angenehm empfunden wird. Dazu suchen wir uns einen ruhigen, ablenkungsarmen Ort, an dem das Pferd nicht angebunden werden muss. Das

Man darf sich viel Zeit nehmen, um Lieblingskraulstellen an seinem Pferd zu entdecken.

Pferd soll die Möglichkeit haben, sich zu entziehen oder sogar wegzugehen, wenn es bestimmte Berührungen nicht so sehr schätzt. Nun tastet man sich am Körper des Pferdes entlang und probiert ruhig über mehrere Tage hinweg verschiedene Grifftechniken und Druckstärken an unterschiedlichen Körperstellen aus. Erfahrungsgemäß sind die am besten für ein Kraulen als Lob geeigneten Körperstellen der Mähnenkamm, Widerristbereich, Unterhals und Brust, Bauch vor dem Bauchnabel, Hinterteil des Tieres und der Bereich um die Schweifrübe herum, also all jene Körperpartien, die etwas von Muskeln bedeckt sind und auch von Pferden untereinander zum gegenseitigen Kraulen bevorzugt werden. Für den Anfang ist es gar nicht nötig, ein ganz bestimmtes Konzept zu verfolgen, sondern man sollte sich viel mehr vor allem vom eigenen Gefühl leiten lassen. Mal streichelt man mit der gesamten Handfläche, dann probiert man eher kreisende Bewegungen aus oder knetet mit beiden Händen. Besonders viele Pony- und Kaltblutpferderassen mit ihrer vergleichsweise dicken Haut lieben kräftige Berührungen. Das ist sehr anstrengend für den Menschen, denn man muss sein volles Gewicht in die Berührungen hineinlegen, um ein positives Feedback vom Pferd zu erhalten.

Bewegung ist toll!

Hüpfen, springen und laufen – Fohlen auf der Weide machen uns vor, wie Lebensfreude in Bewegungen ausgedrückt werden kann. Sie messen sich bei ausgelassenen Laufspielen und rennen einfach gern ihrem Leben entgegen. Den angeborenen Lauftrieb, der gerade bei hochblütigen Pferden stark ausgeprägt ist, kann man auch zur Motivationssteigerung nutzen. Natürlich sind wir Menschen nicht so schnell wie ein Pferd, aber mit etwas Fantasie, einigen kleinen Cavalletti als Sprüngen oder diversen Richtungswechseln kann das Laufen selbst mit uns langsamen Menschen spannend gestaltet werden. Das Geheimnis liegt darin, sich möglichst vielfältig zu bewegen und nicht immer die gleiche Bahn außen um das Viereck herum zu drehen. Doch Vorsicht: Gerade Pferde, die viel Freude an der Bewegung haben, können leicht etwas überschwänglich und temperamentvoll werden, dabei buckeln, ausschlagen und dadurch ihren Menschen gefährden. Für den Anfang hat es sich deshalb bewährt, entweder außerhalb des Zaunes neben dem Pferd herzulaufen um seine Energie zu testen oder aber eine Longierpeitsche als Abstandshalter zu verwenden. Möglich ist es auch, eine Plane oder einen Plastikbeutel an einer selbstgebas-

Laufspiel mit Plane – ein Riesenspaß für Pferd und Mensch.

telten Angel hinter sich her zu ziehen, um die Aufmerksamkeit des Pferdes auf den Gegenstand und weg vom eigenen Körper zu lenken.

Let´s play

Spielzeuge sind entweder interessant, weil sie vom Material, dem Aussehen oder der Bewegung ansprechend sind und dadurch ein von sich aus verspieltes Pferd zur Erkundung einladen oder weil sie mit Futter aufgewertet werden und das Pferd diesen Aspekt des Spielzeugs zu schätzen weiß.

Es gibt etwa Pferde, die rollen einen Ball von sich aus gerne durch den Sand und können sich damit stundenlang selbst beschäftigen. Andere können erst dadurch motiviert werden, dass zunächst jede, aber wirklich auch jede noch so kleine Berührung des Balles mit einem Leckerli belohnt wird. Nach und nach warten wir auf immer schwungvollere Berührungen des Balls bevor wir ein Leckerli verteilen, bis schließlich eine Rollbewegung zustande kommt und das Pferd dem Ball folgt. Nun können wir beginnen, durch das Schießen des Balls mehr Bewegung

> »Lerne zu denken, zu kommunizieren, zu spielen und zu handeln wie ein Pferd – Du wirst überrascht sein, wie sehr sich Dein Pferd für Dich bemüht!«

Susanne Lohas

ins Spiel zu bringen. Wir kicken den Ball, laufen gemeinsam mit dem Pferd hinterher und belohnen es mit einem Leckerli für diesen kleinen Sprint. Bei den meisten Pferden wird das Spiel schnell selbstbelohnend, das heißt, es wird mental im Spiel aufgehen und benötigt keine externe Belohnung in Form von Futter mehr, sondern erfreut sich einfach am Stupsen des Balls. Analog dazu können wir diverse andere Gegenstände erst einmal mit kleinen Leckerbissen aufwerten, um eine möglichst große Vielfalt an Spielzeugen kennenzulernen. Immer gilt die Grundregel: Zunächst jeden Kontakt zum Gegenstand großzügig belohnen, dann nur noch genau die Bewegung, die wir für

eben dieses Spielzeug etablieren möchten und dann nach und nach die Leckerligabe immer seltener werden lassen. So können Pferde beispielsweise lernen, ein Plüschtier in die Luft zu schleudern, ein Seil zu apportieren oder eine Pylone umzuschubsen. Wichtig ist, dass wir gemeinsam viele kleine Erfolgserlebnisse genießen können und Spaß haben, denn der Sinn des Spiels liegt in der Gemeinsamkeit und der empfundenen Freude.

Leckerli und Co

Futterlob ist eine Königsdisziplin, denn Leckerlis motivieren Pferde zwar ungemein, diese Belohnungsform ist aber nur dann gefahrlos und effektiv umsetzbar, wenn das Pferd entspannt bleibt und wir Menschen einige Sicherheits- und Höflichkeitsfragen bedenken. Futter stillt das natürliche Bedürfnis nach Nahrung und ist daher ein starker Motivator. Dadurch begünstigt es das nachhaltige Lernen des Pferdes. Das A und O bei der Futterbelohnung ist die Auswahl des geeigneten Futters. Gekaufte Leckerlis gibt es zwar in allen erdenklichen Geschmacksrichtungen, sie sind jedoch selten wirklich gesund, sondern allzu oft mit Zucker, Geschmacksverstärkern und Abfallprodukten aus der Futtermittelindustrie gefertigt. Darüber hinaus sind sie wahrlich „harte Brocken" und lassen sich sehr schlecht zerbrechen und damit portionieren. Je nach Geschmacksvorlieben unserer vierbeinigen Schüler sollten wir uns eher für kleingeschnittene Möhren, etwas Hafer oder Vollkornpellets entscheiden. Wer es besonders natürlich mag, kann auch selbstgepflückte Hagebutten trocknen oder Kräuter wie Löwenzahn frisch sammeln.

Der Schwierigkeitsgrad der Aufgabenstellung bestimmt bei der Ausbildung die Qualität des Belohnungsfutters. Wir würden an ein sehr erfahrenes Pferd keine Handvoll Bananenchips für eine Kleinigkeit wie das Anlegen des Halfters verfüttern, sondern eine solche Belohnung eher als besonderes Bonbon, als Jackpot für eine außergewöhnliche Leistung, wie etwa das Ausführen einer perfekten Schrittpirouette geben.

Je beliebter das Belohnungsfutter oder desto futterorientierter ein Pferd ist, desto leichter passiert es, dass es sich durch

Um die Höflichkeit des Pferdes zu gewährleisten, wird das Leckerli nicht direkt am eigenen Körper übergeben.

die Futtergabe aufregt und sich in der Folge nicht mehr auf die Arbeit konzentrieren kann, sondern nur noch auf der Suche nach weiteren Leckerbissen ist. Daher gilt es, die Futtermanieren des Pferdes von Beginn an zu schulen und auf ein ruhiges sanftes Aufnehmen des Futters aus der Hand zu achten. Bei extrem aufdringlichen Pferden bietet es sich an, die ersten Übungen hinter einer soliden Absperrung in Form eines Zaunes zu absolvieren. Das Pferd soll hierbei lernen, dass Futter niemals selbst aus der Tasche genommen werden darf, sondern wir Menschen diejenigen sind, die es verteilen. Dazu stellen wir dem Pferd zu Beginn dieser Höflichkeitsübung eine leicht zu bewältigende Aufgabe. Es soll beispielsweise mit der Nase eine Frisbeescheibe berühren. Diese halten wir gut sichtbar direkt neben die Nase des Pferdes. Berührt es sie zufällig oder aber auch absichtlich, sagen wir unser Futter-Lobwort, welches wir in Zukunft nur dann verwenden, wenn wir ein Futterstück überreichen wollen und geben dem Pferd danach den Leckerbissen. Die Betonung liegt dabei auf „danach", denn das Pferd muss lernen, dass es eine feste Reihenfolge gibt: Es muss erst eine Leistung vollbringen – Frisbeescheibe berühren, dann sagen wir das Lobwort wie zum Beispiel „Fein" – erst dann gibt es das Leckerli. Nach einigen Wiederholungen werden wir feststellen, dass das Pferd aktiv nach der Scheibe Ausschau hält, um diese zu berühren und nicht mehr an unserer Tasche sucht. Wir überreichen dabei jeden Bissen nicht direkt über unserer Tasche, sondern gerade bei unerfahreneren Pferden immer mit ausgestrecktem Arm weit weg von unserem Körper. Kommt das Pferd einmal mit geöffnetem, schnappenden Maul auf unsere Hand zu, so schließen wir diese kurz und verwehren somit auch kurz den Zugang zum Leckerli. Die Hand wird erst geöffnet und das Futter freigegeben, wenn das Pferd höflich mit geschlossenem Maul darauf wartet. Hat man diese ersten Futtermanierübungen in mehreren Einheiten durchgeführt und die Regeln für ein höfliches Miteinander erfolgreich etabliert, kann das Futter nun im regulären Training als überaus nützlicher Motivator eingesetzt werden.

Wie es dir gefällt

Neben den klassischen Belohnungsformen wie Futterlob oder Streicheln kann ein geschickter Motivationstrainer all die kleinen Anreize mit in die alltägliche Arbeit einbeziehen, welche das Pferd sowieso liebt. Das können individuell ganz unterschiedliche Dinge sein. Während es sicher alle Pferde lieben, am Wegesrand zu grasen, mögen gerade Stuten das Gemein-

Auch eine Lieblingsübung wie das Flehmen kann als selbstbelohnendes Element eingesetzt werden.

schaftsgefühl welches entsteht, wenn man einfach nebeneinander verweilt und in die Ferne schaut. Es kann auch einen extrem belohnenden Effekt haben, ein Pferd zu seinen Freunden zu lassen. Daher kann man immer mal wieder den Moment bevor man es auf die Koppel entlässt dazu nutzen, eine Kleinigkeit einzuüben. Sogar die Lieblingsübungen des Pferdes können gewinnbringend als eine Form der Belohnung eingesetzt werden. Hat das Pferd etwa Spaß an der Arbeit am Podest gefunden, so können wir dessen Belohnungseffekt dazu nutzen, ein anderes Verhalten damit zu verstärken und für eine weitere Trainingseinheit zu motivieren. Wir arbeiten beispielsweise zunächst am Schulterherein und entlassen es dann aus dieser körperlich und mental sehr anspruchsvollen Übung direkt auf das beliebte Podest, wo es die Aussicht genießen darf, hin und wieder ein Leckerli kassieren kann und natürlich unsere ungeteilte Bewunderung erntet.

Training optimieren!

Es sind die kleinen Dinge, die aus einem unstrukturierten Üben ein gut durchdachtes Trainingssystem werden lassen. Dabei gilt es, die Aufmerksamkeit auf die Details wie Höflichkeit oder Belohnungsqualität zu legen und mit mehr Achtsamkeit die Fortschritte des Pferdes zu verfolgen.

Die Kraft der Worte

Jeder Begriff, jede Bezeichnung sowie jedes Wort beinhaltet und übermittelt eine unterschwellige Botschaft. Jedes Wort ist aus einem bestimmten Umfeld erwachsen, ein Gedanke ging ihm zuvor – selbst wenn es eine unbewusste innere Vorstellung war – es hat eine tiefere Bedeutung. Damit sich das Pferd auch wirklich wahrgenommen und positiv angesprochen fühlt, sollten wir unsere Worte liebevoll und achtsam wählen. Wer im Geiste von einem „blöden Gaul" spricht, drückt hier eine Abwertung aus und wird kaum gleichzeitig ein positives Feedback vom Pferd erwarten können. Besser ist es, nur Begriffe zu wählen, zu denen wir ein positives Gefühl haben und die in ihrer Gesamtaussage mit unserem Wunsch nach Harmonie übereinstimmen. So ist es durchaus sinnvoll, eher von Signalen für das Pferd oder Fragen an das Pferd zu sprechen als militärisch geprägt von Kommandos oder Befehlen.

Nun steigen wir einfach direkt in das alltägliche Training ein und probieren aus, wie das positive Pferdetraining und die Macht des Lobes unsere Arbeit beflügelt. Pferde und Menschen lernen aus den Konsequenzen ihrer Handlungen und erinnern sich besonders gut an Lerninhalte, die sie mit positiven Emotionen verbunden haben. Wir machen uns also genau diese Mechanismen des Lernverhaltens zunutze, um in einer entspannten Atmosphäre viele schöne Erlebnisse mit dem Pferd zu teilen und ganz nebenbei auch noch anspruchsvolle Lektionen einzuüben. Im Verlaufe unseres Trainings ergänzen wir unser Tun mit nützlichem theoretischen Wissen und unseren eigenen Gedanken zur Motivation des Pferdes. Bei der Arbeit mit Lob und Belohnungen ist es wichtig, seinen eigenen Zugang zu dieser Trainingsmethode entwickeln zu können, denn nur so können wir der Individualität unseres Pferdes gerecht werden.

Auch Füttern will gelernt sein

Gerade die Arbeit mit dem Futterlob lebt von seiner gewissenhaften und präzisen Anwendung. Neben der Höflichkeit und dem entspannten Umgang mit dem Futter kommt es vor allem auf die korrekte Fütterungstechnik des Menschen an.

Zu diesen grundlegenden Fertigkeiten des Menschen und der höflichen Verhaltensantwort des Pferdes soll im Folgenden eine Übung beschrieben werden.

Höflichkeitstest: Kannst Du wegschauen, wenn ich im Futterbeutel wühle?

Bei diesem Höflichkeitstest stellen wir die sogenannte Impulskontrolle des Pferdes auf die Probe. Es soll hierbei den inneren Impuls unterdrücken, jedes Rascheln der Futtertasche mit einem gierigen Drängeln oder gar Schubsen zu quittieren. Dies wäre nämlich meist eine sinnvolle und logische Handlung aus Sicht des Pferdes. Wie ein Kleinkind, welches sofort dem inneren Impuls folgt mit der Hand nach der verlockenden Süßigkeit zu greifen, so verführt das Vorhandensein von Futter das Pferd dazu, es direkt nehmen zu wollen. Um ihm nahezubringen, dass dieses Verhalten nicht erwünscht ist, können wir dem Pferd eine kleine Aufgabe stellen: Kannst Du auch wegschauen? Für diesen Test überlegen wir uns ein verbales Kommando wie zum Beispiel „Bist Du lieb?" oder ein körpersprachliches Signal wie verschränkte Arme, auch Brezelarme genannt. Nun soll sich das Pferd zunächst nur ein winziges Stückchen vom Beutel abwenden, ohne dass wir mit der Hand darin wühlen und es dadurch vielleicht

Für ein höfliches Miteinander spielen wir immer wieder das Spiel: „Kannst Du wegschauen?".

provozieren könnten. Jedes Mal, wenn es sich etwas abwendet, sagen wir unser Futterlobwort und geben einen Leckerbissen aus dem Beutel. Kann es sich nicht beherrschen und wird aufdringlich, bleiben wir passiv und übergeben auf keinen Fall Leckerlis. Hat es die erste Höflichkeitsstufe überstanden, beginnen wir den Test etwas schwieriger zu gestalten, indem wir die Leckerlis im Beutel mit der Hand durchmischen, unsere Brezelarme zeigen und dem Pferd innerlich gleichzeitig die altbekannte Frage stellen: Kannst Du

jetzt auch wegschauen? Klappt das gut, provozieren wir immer deutlicher und gestalten die Situation immer schwieriger, indem wir zunächst Futter in die Hand nehmen und schließlich sogar selbst ein Apfelstückchen essen und unsere Arme verschränken. Nach und nach verlängern wir auch die Zeit, die das Pferd aushalten muss, um für das Abwenden des Kopfes ein Leckerli zu bekommen.

Um eine ruhige Trainingsatmosphäre zu bewahren und dem Pferd die Aufgabenstellung zu verdeutlichen, kommt es bei der Motivation mit Futter entscheidend auf eine geschickte Fütterungstechnik an. Viel zu oft fallen uns Leckerlis herunter oder gedankenverloren wird doch etwas Futter ohne einen Anlass gegeben. So entsteht jedoch Unruhe und wir verwässern die strikte Regel: Zuerst das erwünschte Verhalten, dann das Lobwort und erst dann die Belohnung mit Futter. Es hat sich bewährt, das Leckerli ruhig aus dem Beutel zu nehmen und mit geschlossener Hand bis zu genau der Stelle zu schwenken, an der man selbst das Futter überreichen möchte. Erst dort öffnen sich die Finger und geben das Futter auf der Handfläche frei. Viele professionelle Pferdetrainer arbeiten dabei mit sogenannten Futterpunkten. Der Ort an dem das Futter überreicht wird, hat nämlich erstaunliche Auswirkungen auf die Lerngeschwindigkeit der Lektion. Möchte man etwa erreichen, dass der Pferdekopf gesenkt wird, bietet es sich an, den Futterpunkt, also den Ort, an dem das Futter übergeben wird, so zu wählen, dass der Kopf auch wirklich tief unten über dem Boden ist, während das Tier die Belohnung erhält. Arbeitet man dagegen mit einem Gegenstand wie dem Podest, würde man eher über dem Gegenstand nach oben füttern. Es geht darum, den Kopf des Pferdes immer dort zu füttern, wo man ihn im Idealfall später gerne sehen möchte.

Zuneigung durch Leckerli erkaufen?

Eine weit verbreitete Sorge ist es, sich über Leckerlis quasi die Zuneigung des Pferdes erkaufen zu wollen. Es gilt fast schon als eine Form der Bestechung, wenn man das Pferd sozusagen für seine Leistungen „bezahlt". Diese Sorge ist letztlich unbegründet. Unser Pferd orientiert sich bei den Dingen, die es gerne macht, an uns und den von uns gewählten Belohnungen. Dabei ist es je nach Pferd ein qualitativer Unterschied, ob wir mit Streicheln, Spiel oder Futterlob arbeiten. Das eine schätzt mehr die eine Belohnungsform, das andere eine andere. Alles ist möglich und sämtliche Belohnungsformen stärken die Beziehung. Jedes Lob, also auch das Futterlob, ist ein Geschenk und damit ein Zeichen unserer Wertschätzung.

Geschicktes Füttern kann man lernen!

Ist das Pferd generell rüpelig bei der Gabe von Futter oder Leckerli, dann gehen Sie zu den Voraussetzungen für ein Futterlob zurück, siehe Kapitel *Leckerli und Co.* Die Frage, ob es Pferde gibt, die man gar nicht mit Futter belohnen sollte, ist nicht eindeutig zu beantworten. Eine positive Gabe von Futter hängt vor allem von der Vorbereitung und den Höflichkeitsregeln ab. Probleme dabei liegen meist nicht so sehr in der Individualität des Pferdes begründet, sondern in Fehlern des Ausbilders. Hier empfiehlt es sich, einen er-

fahrenen Trainer für den Anfang zu Hilfe zu nehmen, um die Basis für eine Belohnung mit Leckerli/Futter zu schaffen.

Leistung steigern

Irgendwann kommt bei jeder Übung der Moment, wo man die erbrachte Leistung im Verhältnis zur Belohnung steigern möchte, also nicht mehr jedes Mal belohnen sondern, nur noch etwa jedes zehnte Mal. Immer wenn das Pferd ent-

Erst wenn das Führen auf Sandboden gut funktioniert, üben wir im satten Gras.

weder eine größere Zeitspanne bis zur nächsten Belohnung durchhalten oder ein Detail in der Ausführung verbessert werden soll, müssen wir uns Gedanken darüber machen, wie man ganz allgemein von einer kontinuierlichen Belohnungsform zu einer nur noch sporadischen Belohnungsform wechseln kann. Um die Anforderungen je nach Trainingsniveau langsam zu steigern, bleiben wir bei neuen, körperlich oder mental anspruchsvollen Lektionen zunächst bei einem sehr häufigen Belohnungsintervall und geben dem Pferd so viele Rückmeldungen wie möglich. Dazu wählen wir zunächst auch die Belohnungsform aus, die vom Pferd am Besten angenommen wird. Nun verändern wir schleichend die Belohnungen, geben nur noch etwas kleinere Belohnungen für schon bekannte Übungen oder wechseln beispielsweise vom Futterlob zum Streicheln und dann später zum Stimmlob. Die Idee dahinter ist die, dass hin und wieder eine hochwertige Belohnung aus der Lieblingskategorie des Pferdes vergeben wird, um das Tier nicht zu demotivieren und dass immer wieder neue Lektionen und Spiele eingeführt werden, die wir sehr hochwertig belohnen. Bei einer echten differenzierten Belohnung überlegt sich der Trainer vorher genau, welche Belohnung welche Wertigkeit für das Pferd hat. Was sind sozusagen die Belohnungen, die von der Qualität her eher in die Kategorie „Trostpreise" fallen? Diese sind ganz nett für das Pferd, lassen es aber nicht unbedingt zu riesiger Begeisterung auflaufen. Welche Belohnungen fallen in den Bereich der „Kleingewinne" und stellen eine breite Basis im Pferdetraining dar? Was sind schließlich die „Hauptgewinne", die das Pferd extrem motivieren? Und schließlich gibt es sogar „Jackpots", für die ein Pferd praktisch alles tun würde. So individuell die Vorlieben der Pferde, so individuell muss auch mit den einzelnen Belohnungen umgegangen werden. Erfahrene Motivationstrainer für Pferde sind wahre Meister darin zu entscheiden, welches Pferd welche Belohnung wann erhält.

Achtung: Konkurrierende Motivation

Trainingseinheiten müssen so geschickt und kleinschrittig gestaltet sein, dass das Pferd gar keinen Anlass hat sich zu überlegen, was es stattdessen tun könnte. Sind die Aufgabenstellungen und die Belohnungen interessant genug, wird es sich nicht nach Ablenkung und spannenderen Objekten umsehen. Dem Bedürfnis des Pferdes nach einer interessanteren Freizeitbeschäftigung zuvorzukommen ist sehr wichtig, da man sich sonst ständig mit dem Problem der konkurrierenden Motivation auseinandersetzen muss. Gibt es beispielsweise frisches Gras auf dem Reitplatz und unser Pferd ist im Frühjahr noch nicht angeweidet, wird die Motivation zum Gras zu gelangen mit der Motivation mit uns zusammenzuarbeiten konkurrieren. Ein Hengst wird eher an einer rossigen Stute interessiert sein und wir müssen ihm schon ein sehr gutes Angebot unterbreiten, um zu verhindern, dass er sich anstatt für unser Training nur noch für die Damenwelt interessiert. Bei einem unerfahrenen, jungen Pferd werden wir zunächst versuchen, konkurrierende Motivationen gar nicht erst aufkommen zu lassen, indem wir von vornherein auf einem Sandplatz ohne Gras arbeiten oder mit einem Hengst das Training anfangs generell ohne die Anwesenheit von Stuten durchführen. Erst wenn wir in der gemeinsamen Arbeit etwas fortgeschritten sind, das Pferd unser Belohnungsprinzip verstanden hat und prinzipiell motiviert ist etwas mit uns gemeinsam zu tun, steigern wir langsam die Ablenkung und den Grad der konkurrierenden Motivation.

> »Der höchste Lohn für
> unsere Bemühungen ist
> nicht das, was wir dafür be-
> kommen, sondern das,
> was wir dadurch werden.«
>
> John Ruskin

mit Ablenkung und Interesse außerhalb unseres Trainings zu vermeiden. Das Belohnungstraining bekommt einen ganz eigenen Wert für das Pferd. Wiederholen wir es oft genug, macht das Pferd die Erfahrung, dass es bei uns viel interessanter ist als irgendwo sonst im Paddock oder auf dem Reitplatz. Es wird sich dadurch für unsere Nähe und für die spannende Zusammenarbeit entscheiden, wenn wir uns als angenehmer Trainingspartner präsentieren und das Pferd für seine Bemühungen auch entlohnt wird.

Belohnungen „ausschleichen"

Das an Lob und Belohnung gewöhnte Pferd ist schließlich nicht mehr auf die ständige positive Rückmeldung von uns angewiesen, es bleibt auch bei einer geringen Belohnungsrate aktiv und motiviert. Sobald eine Übung gut verinnerlicht wurde, reduzieren wir die Belohnungen und loben nur noch im Mittel jedes zweite oder dritte oder eben später nur noch jedes fünfte oder zehnte Mal. Dabei müssen wir uns die Bedeutung von „im Mittel" vergegenwärtigen, denn es ist entscheidend, dass wir die Belohnungen nicht in einem bestimmten neuen Rhythmus, sondern für das Pferd wirklich unvorhersehbar verringern. So kann das Pferd nicht innerlich „mitzählen" und weiß da-

Dabei hilft es, ein Alternativverhalten hoch zu bestärken und das Pferd immer wieder positiv zu überraschen. Wir könnten beim Beispiel mit dem verlockenden Gras etwa selbst etwas frisches Grünzeug in unserem Beutel deponieren und dieses als besondere Belohnung für das brave Vorübergehen am saftigen Grünstreifen verfüttern. So macht das Pferd die Erfahrung, dass es genau das bekommt was es möchte (nämlich in diesem Falle das Gras), auch wenn es dafür ein ungewohntes Verhalten zeigen soll (weitergehen statt den Kopf zum Grasen zum Boden zu führen). Darüber hinaus hilft eine positive Trainingshistorie Probleme

her nicht, ob es nach einer aktuellen Abfrage der Lektion nun eine Belohnung gibt oder nicht. Diese intermittierende Form der Belohnung folgt einem für das Pferd nicht vorhersehbaren Schema. Dazu muss der menschliche Trainer allerdings hochkonzentriert sein, da wir alle dazu neigen, immer wieder in ein regelmäßiges und damit auch für das Pferd leicht nachvollziehbares Belohnungsschema zu verfallen. Besonders leicht passieren uns solche Fehler im Ausschleichen der Belohnung, wenn wir die Häufigkeit des Lobes zu rasch herabsetzen. Haben wir beispielsweise gerade erst damit begonnen eine neue Lektion zu erarbeiten, dann sollten wir nicht gleich im Anschluss daran schon über die Möglichkeit nachdenken, wie wir die Belohnung wieder „ausschleichen" können. Es ist nur verständlich, dass man als Trainer die doch sehr hohe Belohnungsrate bei einem noch unerfahrenen Pferd oder bei neuen Lektionen in der Zukunft auf ein niedrigeres Niveau absenken möchte. Aber die Techniken des Lobens und das Belohnungslernen besitzen die einmalige Fähigkeit, unserem Pferd Anerkennung zu schenken und mit ihm innerhalb unseres Trainings in einen Dialog zu treten. Und ehrliche Anerkennung und Zuwendung unseren geliebten Freizeitpartnern gegenüber sollten unsere ständigen Begleiter sein, wenn wir uns

Bei alltäglichen Aufgaben können wir Belohnungen nach und nach ausschleichen.

an einem harmonischen Miteinander erfreuen möchten. Im Zweifelsfall können wir immer davon ausgehen, dass es in der Beziehung zu den Pferden ein Zuviel an Wertschätzung und positiver Rückmeldung gar nicht geben kann.

Schlusswort

Das Wichtigste zum Schluss: Lob kommt immer dann besonders gut beim Pferd an, wenn es authentisch ist. Die Form spielt dabei nicht unbedingt die entscheidende Rolle. Nicht jeder von uns ist ein begnadeter, sportlicher Spielfanatiker und so manchem ist die Arbeit mit Futter durch die dazu gehörige Höflichkeitserziehung zu aufwändig. Für jedes Pferd-Mensch-Team gibt es dennoch die ideale Mischung der unterschiedlichen Lobformen. Probieren Sie einfach aus, experimentieren Sie ein wenig, um herauszufinden, was Ihnen selbst Freude bereitet und was Ihrem Pferd gut tut: Haben Sie den Mut, sich einfach einzulassen auf die Situation, auf Ihr Pferd und vergessen Sie die Erwartungshaltung der anderen: Nur Sie beide, Ihr Pferd und Sie sind wichtig und Ihr Gefühl wird Ihnen zeigen, wenn Sie den richtigen Weg gefunden haben. Vielleicht ist an manchen Tagen das Wälzen-lassen eine schöne Belohnung, an anderen genießen Sie beide vielleicht eher eine kleine Geländerunde an der Hand. Bleiben Sie mit Freude dabei, lassen Sie sich auf Ihr Pferd ein, experimentieren Sie: Letztlich gibt es kein „richtig" oder „falsch" und man kann nur gewinnen!

In diesem Sinne wünsche ich Ihnen viel Spaß beim Motivationstraining mit Ihrem Pferd.

Impressum
Copyright © 2014 by evipo Verlag, Nicole Künzel, Fuhrberg
Gestaltung und Satz: Designatelier Orterer
Titelfoto: Christiane Slawik
Fotos Innenteil: Cornelia Ranz
Illustrationen: fotolia © Rokfeier
Lektorat: Christa-Maria Ossapofsky
Druck: Finidr, s.r.o., Czech Republic
Alle Rechte vorbehalten.

Printed in Czech Republic, 2014

ISBN: 978-3-945417-01-0

Alle Methoden und Anregungen in diesem Buch wurden sorgfältig geprüft. Achtsamkeit ist dennoch bei der Umsetzung geboten. Verlag und Autor übernehmen keinerlei Haftung für Personen-, Sach- oder Vermögensschäden, die im Zusammenhang mit der Anwendung oder Umsetzung entstehen könnten.

Unser **evipo Verlagsteam** vereint Fachkompetenz, Engagement und Erfahrung!
Fachlich hochqualifiziertes und anspruchsvolles Wissen, unterhaltsame Anekdoten, ausgezeichnete Fotografien und Illustrationen, ein wunderbares Layout und eine ausgesuchte Druckqualität zeichnen all unsere Bücher aus, die ab Herbst 2014 im evipo Verlag erscheinen. Fachwissen kompakt bieten die Bände Unserer kleinen Reihe, die mit 72 Seiten praktisch für unterwegs sind. Große Fachbücher ab 96 Seiten werden sich ausführlicher mit verschiedenen Themen des feinen Reitens und der Zusammenarbeit mit Pferden auseinandersetzen. Wunderschöne Bildbände mit faszinierenden Fotografien und anspruchsvollen kürzeren Texten runden das Angebot des evipo Verlages ab.

Bildband

Sinnbild einer Leidenschaft –
Der Lusitano im Spiegel unserer Reitkultur
von Dr. Birgit Vock-Wannewitz
80 Seiten, 21 x 26 cm,
Hardcover
ISBN: 978-3-945417-04-1
Preis: 24,80 €
Lieferbar ab Mai 2015

Fachbuch

Mit Kerstin Brein auf dem Weg zur Freiheit

von Nicole Künzel
ca. 96 Seiten, 27x23 cm, Hardcover
ISBN 978-3-945417-00-3, Preis: 29,90 €
Lieferbar ab Mai 2015

Unsere kleine Reihe

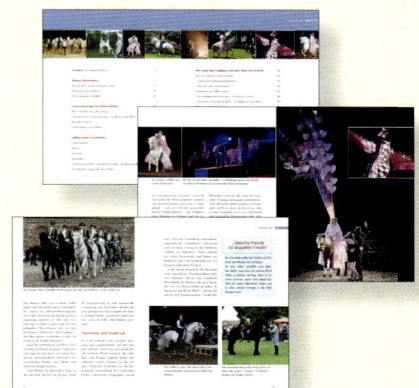

Vorhang auf!

von Andrea Schmitz
72 Seiten
15 x19 cm
Broschiert
ISBN 978-3-945417-02-7
Preis: 10,95 €

Voller Vertrauen

von Cornelia Weidenauer
72 Seiten
15 x19 cm
Broschiert
ISBN 978-3-945417-03-4
Preis: 10,95 €

Die Kinderreitschule

von Marie Maßmann-Theveßen
72 Seiten
15 x19 cm
Broschiert
ISBN 978-3-945417-04-01
Preis: 10,95 €
Lieferbar ab März 2015